乡村振兴与农业产业振兴实务丛书

现代无土栽培模式图集

主　编　张天柱

参　编　陈燕红　苏彦宾　傅长智　刘鲁江　于稷栋
侯苗苗　郭唯伟　陈小文　张雪松　魏　平
侯　倩　尚　辉　郭显亮　王　辉　张志涛
房志超

中国轻工业出版社

图书在版编目（CIP）数据

现代无土栽培模式图集 / 张天柱主编 . — 北京：中国轻工业出版社，2020.8

（乡村振兴与农业产业振兴实务丛书）

ISBN 978-7-5184-2527-3

Ⅰ . ①现… Ⅱ . ①张… Ⅲ . ①无土栽培—图解 Ⅳ . ① S317-64

中国版本图书馆 CIP 数据核字（2019）第 117366 号

责任编辑：伊双双　罗晓航　　责任终审：劳国强　　整体设计：锋尚设计

策划编辑：伊双双　　责任校对：吴大鹏　　责任监印：张可

出版发行：中国轻工业出版社（北京东长安街6号，邮编：100740）

印　　刷：北京博海升彩色印刷有限公司

经　　销：各地新华书店

版　　次：2020年8月第1版第2次印刷

开　　本：720×1000　1/16　印张：7.5

字　　数：150千字

书　　号：ISBN 978-7-5184-2527-3　定价：48.00元

邮购电话：010-65241695

发行电话：010-85119835　传真：85113293

网　　址：http://www.chlip.com.cn

Email：club@chlip.com.cn

如发现图书残缺请与我社邮购联系调换

200970K1C102ZBW

前言

无土栽培（Soilless Culture）是指以水、草炭或森林腐叶土、蛭石等介质作为植株根系的基质固定植株，作物根系能直接接触营养液，或者直接用营养液来栽培作物的栽培方法。由于无土栽培可人工创造良好的根际环境以取代土壤环境，有效防止土壤连作病害及土壤盐分积累造成的生理障碍，充分满足作物对矿物质营养、水分、气体等环境条件的需要，因此具有省水、省肥、省工、高产优质等特点。无土栽培技术是科学技术的产物，被广泛应用于现代农业发展中。

随着时代的发展，无土栽培技术呈现出一系列现代化新型栽培模式。本书是一部对当前国内外主要现代化无土栽培模式展示之作。书中既包含了现代化景观无土栽培模式，又包含了现代化、规模化无土栽培生产模式。根据不同的无土栽培模式将其分为五章，分别为基质培、水培、雾培、复合式栽培及其他形式栽培等共百余种无土栽培模式。主要以实景或模型图形式展示，并简要介绍了每种栽培模式的原理、特点及适合栽培的作物种类。本书内容较为新颖和全面，与目前现代无土栽培技术的发展结合紧密，对我国无土栽培相关科研工作者、大专院校师生及广大农业实际生产工作者具有较大的参考作用。

本着对读者负责的态度，我们对本书进行了多次修改、补充和完善，但由于水平有限、时间仓促，书中难免还有疏漏和不妥之处，恳请广大读者指正。

编者

2019年5月

目 录

第一章

基质培

第二章 水培

第三章 雾培

第四章 复合式栽培

第五章 其他形式栽培

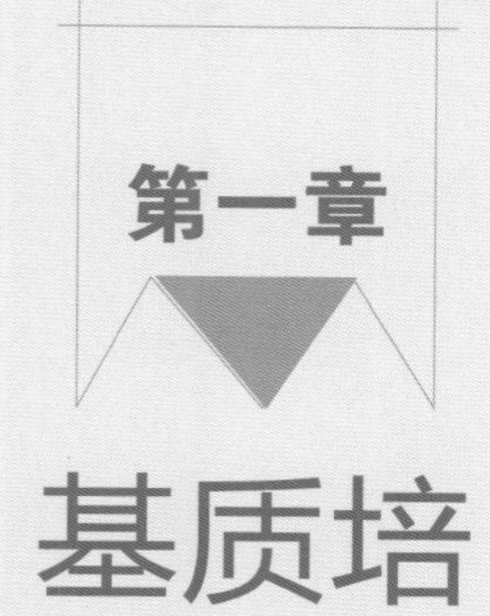

第一章 基质培

一、盆栽

盆栽是最为原始的简易无土栽培模式，该模式通过在不同直径大小的花盆中添加基质，配以滴箭或人工辅助灌溉直接植单株作物，作物发病时可单独处理，不会影响其他作物生长。可以任意摆放，能及时补充景观效果，充分利用走道两旁或其他空闲地带，也可以利用不同品种组景，苗木成活率高，景观效果好。此种栽培方式简单易行，可以用于大规模生产，还能够提前在育苗室培育，短期内达到较好的景观效果。适合种植各种蔬菜、花卉、果树等。

1. 地面盆栽

地面盆栽为最简易的栽培模式，花盆规格及样式多种多样，可以结合园艺支架进行多种造景、创意栽培，组合形式多样，适合多种根茎类、茄果类、花卉类种植。

（1）盆栽观赏椒　（2）盆栽草莓　（3）盆栽番茄
（4）盆栽南瓜　（5）盆栽茄子　（6）盆栽芹菜

2. 吊挂式盆栽

该栽培设施采用不同规格的吊盆吊挂模式种植，上面配备有吊钩，采用聚丙烯（PP）树脂制造。大规格：上口径 20cm，内高 8cm，外高 12.5cm，容量 2L；特大规格：上口径 24cm，内高 10cm，外高 14.5cm，容量 3L。吊挂式盆栽结合廊架能营造出较好的景观效果，弥补定植初期廊架空、景观效果差的缺点，当吊盆作物处于衰败期时方便更换。适合垂吊的花卉如口红吊兰、绿萝、常春藤等。

（1）鸭跖草吊盆　（2）吸毒草吊盆

3. 倒栽式盆栽

倒栽式盆栽即花盆在上面，作物在下面，颠覆常人的思维惯式，倒栽的作物有吉祥的寓意，如“福到”“财到”等。倒栽式盆栽内有蓄水功能，自动浇灌；作物存活比普通花盆时间长。这种栽培形式看起来美观时尚，有个性，有创意，不需要特殊打理，只是根据花盆上的浮标提示的水位定期加水；花盆上的钩子可以360° 旋转，调整光照方向，是现代家居绿化和装饰的精品。适合种植发财树、幸福树等具有吉祥寓意的作物。

（1）倒栽绿萝　（2）倒栽鸭跖草

4. 组合花架盆栽

该栽培设施采用不同规格的花盆及配套花架组装成立体盆栽景观，是一种最简单的阳台园艺的栽培模式。有可移动和不可移动花架之分，栽培设施简单，空间利用率高，适宜种植各种低矮的蔬菜和花卉。

组合花架盆栽

5. 三角形花盆组合式栽培

该花盆呈等边三角形，带有挂钩，具有多种颜色，可以进行组合，组合变化形式多样。适用于不同大小、不同环境的家庭园艺和种植模式，能够根据个人爱好以及家庭园艺的风格进行自由组合，可以随时随地变更组合图案打造更有趣味的家庭园艺。

三角形花盆组合式栽培

6. 移动式多层立体轨道栽培

移动式多层立体轨道栽培系统利用空间纵向、多层结构设计，通过自动旋转，保证每株作物均可获得均匀的光照，从而更加有效促进作物生长，大大提升蔬菜光合效率和商品品质。同时，每棵植物都可以通过电脑流程及触摸屏控制器设定的参数自动定时定点实现固定浇灌、定点采收，可节约一半以上的人工成本，种植效率是其他种植方式的三倍以上。该栽培模式对推进“城市农业”的应用具有重要意义，适合种植低矮的蔬菜和花卉。

移动式多层立体轨道栽培

7. 可伸缩花盆

该栽培设施根据作物根系的分布特点来设计，下大上小，随着作物的不断生长，根系能有足够的空间延伸，利于作物的生长；在存放时可以进行收缩，占据空间很小，摆放整齐；操作简单，运输方便，外形美观，节省成本。

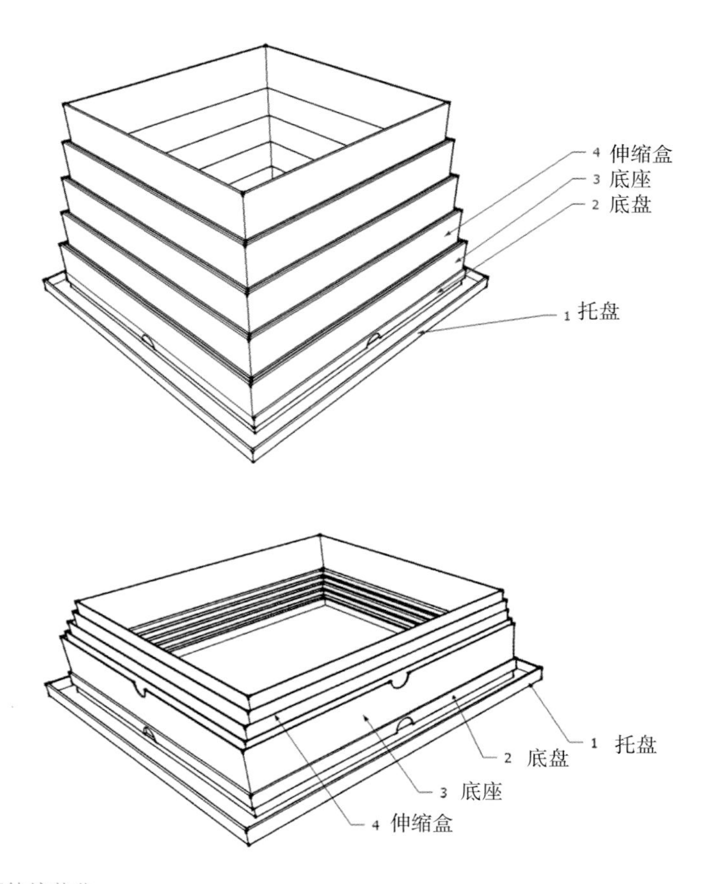

可伸缩花盆

二、箱培

1. 燕尾箱式基质培

该栽培设施是一种燕尾式基质栽培箱，外径长50cm、宽45cm、高30cm。可以一个或多个顺序连接的可容纳栽培基质的箱体，一侧设有向外的突出部位，另一侧设有向内的凹陷部位，多箱体连接时突出部位和凹陷部位能无间隙结合，底部有加强筋，材质为泡沫塑料。燕尾箱式基质培整体效果美观，搬运方便，可以连接成条；当单株蔬菜发病时，可将栽培箱连同作物一起换掉，不会传染其他植株。但泡沫箱体容易脏，难清洗，在运输过程中易损坏，可考虑其他材质。根据栽培蔬菜类型确定是否增加吊蔓系统，适合茄果类、瓜类等吊蔓蔬菜，也可高密度种植白菜、生菜、草莓等低矮果蔬。

（1）燕尾箱式基质培彩椒　（2）燕尾箱式基质培甜瓜
（3）燕尾箱式基质培辣椒、甘蓝、萝卜　（4）燕尾箱式基质培水稻

2. 果菜潮汐灌溉基质培

果菜潮汐灌溉基质栽培分为两种设施类型：C 型（长方形栽培箱）、F 型（方形栽培箱）。给排液管路与栽培箱连接成一个完整系统。该模式最大的优势是不存在堵塞、缺水、积水问题，系统内所有作物水肥供给、吸收均匀，作物生长整齐一致。不仅适用于无机营养液灌溉，也适于采用有机营养液进行灌溉，基质可选的范围更广泛。适用于各种果菜，以及菜花、草莓、非洲菊等园艺作物的栽培。

潮汐灌溉基质培黄瓜

3. 苗床式基质培

苗床式基质培是指营养液以浅层流动的形式在苗床中从一端流向另一端的一种水培方式。该模式中循环供应的液流呈膜状，仅以几厘米厚的营养液流经苗床底部，水培果菜的根底部接触营养液吸水吸肥；上部暴露在湿气中吸氧，较好地解决了根系吸水与吸氧的矛盾。该设施具有造价相对较低、根系通气性较好、设施轻便等特点，在黄瓜、番茄等茄果类及叶菜类蔬菜上广泛应用。

（1）苗床式基质培彩椒　（2）苗床式基质培茄子　（3）苗床式基质培线椒

三、袋培

1. 简易袋培

袋培为简易的无土栽培模式，栽培设施为美植袋或采用黑白膜做的栽培袋、栽培砖等，内部填充基质或椰糠，在袋体上开孔，结合滴灌形成的栽培模式。袋培造价低廉，如果有单个植株发病可以单独处理，避免大面积感染。夏季使用白色面朝外，可反射阳光防止基质升温，冬季将黑色面朝外，可以吸收热量，保障根系温度，重复利用性高。基质袋使用寿命短，对地面要求比较严格，适合黄瓜、番茄、茄子、辣椒等瓜果类蔬菜。

（1）袋培商陆　（2）袋培茄子
（3）袋培绿茄　（4）袋培番茄

2. 立体高效袋培

该栽培设施是利用栽培支架、栽培槽及椰糠栽培条，配以滴灌灌溉系统、吊挂系统、操作轨道系统等进行蔬菜长季节高效栽培生产的一种栽培模式。适合种植茄子、番茄、彩椒等茄果类蔬菜。

（1）立体高效袋培线茄　（2）立体高效袋培彩椒

3. 营养液循环基质袋培

该栽培设施由泡沫栽培槽、槽支架、混合基质（或岩棉、椰糠）袋、给回液管路等组成。栽培槽、栽培袋离地设置，可以避免地表土壤、病菌对根际环境的污染；设施安装组合方便，整洁、美观、大方；营养液能够充分回收利用，减少浪费，避免对土壤、地下水的污染。适合种植瓜类、茄果类、草莓等作物。

营养液循环基质袋培草莓

四、槽培

采用一些常见的材料，组合成各类型栽培槽，槽内添加基质，适合各类蔬菜的栽培。集约化生产，管理简单、方便，建造成本低，使用时间寿命长，节省劳动力、肥水和农药投资，生产的瓜果蔬菜优质稳产、高产，是较好的无公害、绿色和有机蔬菜生产方式。

1. 砖槽式基质槽培

该栽培设施采用砖、水泥材料，垒砌成长方形栽培槽，槽内添加基质，适合种植各类叶菜类、茄果类、瓜菜类蔬菜。

（1）砖槽式基质槽培线椒　（2）砖槽式基质槽培黄瓜
（3）砖槽式基质槽培彩椒

2. 控根容器槽培

该栽培设施是将控根容器围成生产所需大小的栽培槽，填充基质后进行栽培的一种新型栽培模式，可以为植株提供特殊的物理环境。控根容器对防止根腐病和主根的缠绕有独特的功能，侧壁是凹凸相间，凸起外侧顶端有小孔，具有“气剪”控根功能。但对地面要求较高，要求地面平整，如果不严格控制浇水时间可能造成地面下陷。适合各类叶菜及果菜类蔬菜生产和树木类的苗期生产。

（1）控根容器槽培辣椒　（2）控根容器槽培黄瓜
（3）控根容器槽培甜瓜

3. H架基质槽培

该栽培设施是用方钢加工成适宜高度的H型支架，上面的槽体用钢骨架固定，内部铺设黑白膜再填充基质；或者是在H型支撑上面铺设提前定制的泡沫箱，泡沫箱内填充基质的一种栽培模式。H型支撑架结构稳定，高度适宜，能形成较好的立体空间，景观效果好。栽培设施及栽培技术要求相对简单，适合草莓、乌塌菜、生菜、叶甜菜等低矮作物。

（1）H架基质槽培草莓　（2）H架基质槽培草莓

4. 多层H架基质槽培

该栽培设施采用H架多层栽培，采用泡沫箱体和钢结构相结合。栽培架宽30cm，长度根据实际长度确定。该栽培模式可以更高效地利用栽培空间，形成立体种植，呈现很好的栽培景观模式，但建造成本高。适合种植草莓及各种低矮叶菜类。

多层H架基质槽培

5. A字架基质槽培

该栽培设施整体为通过方钢焊接成A字型支架，利用直径为200cm聚氯乙烯（PVC）管，切掉上面1/3，留取下面部分做栽培槽，槽内填充基质配以灌溉管路，实现立体化种植。此栽培模式可根据场地条件移动，美观大方，土地利用率高，操作方便。适合叶菜类、草莓根茎类、部分花卉品种等，改良的A字架增加吊蔓系统还可种植茄果类、豆类等吊蔓蔬菜。

（1）A字架基质槽培红梗叶甜菜　（2）A字架基质槽培线茄
（3）A字架基质槽培甘蓝

6. 网槽式基质槽培

该栽培设施由钢丝网槽、网槽支撑架、无纺布、防渗膜、给回液管路等组成。该设施使用方便、整体性强，基质用量少，成本低，栽培风险相对较小。主要用于草莓、果菜类的基质栽培，也可用于瓜类、豆类等蔓生蔬菜的栽培。

7. 立体错层式基质槽培

该设施栽培槽离地设置，可以避免地表尘土、昆虫、病菌等对草莓花果的污染，减轻土传病虫害的侵扰；栽培槽离地 0.5 和 1.4m 的高度错层设置，可确保草莓高效利用空间光照资源，比 A 字架式栽培具有更充分的光照条件；栽培槽高低错位设置，是一种可以起到变换劳作姿势、减轻劳累感以及方便不同身高的人采摘草莓的人性化设计。主要用于草莓的立体栽培，也可用于矮生果菜及大部分叶菜等的立体栽培。

立体错层式基质槽培草莓

8. 垂蔓式基质槽培

垂蔓式栽培设施由槽体支撑骨架、钢丝网槽、无纺布、黑白膜、基质及给回液管路等组成。不需要另设藤蔓攀爬支架和绑蔓、绕蔓、落蔓等管理作业程序，吊挂瓜果也更加方便；有利于瓜果作物的再生栽培，剪除老化枝蔓，促发嫩枝继续结果；有利于作物根部与冠层温度的同步管理。可用于小西瓜、甜瓜、黄瓜、小冬瓜及各种垂蔓花草作物的观赏栽培。

垂蔓式基质槽培苦瓜

9. 多段立体基质槽培

该栽培设施主要由立柱骨架和塑料栽培槽构成，立柱间距2m，每根立柱上有5个横撑，横撑上放两列栽培槽，采用基质栽培。每个栽培槽宽12cm，长度可根据需求设计。可高效利用栽培空间，底部不用管卡；但对施工工艺要求高，相对成本高。顶部可种植茄果类及藤蔓类蔬菜，下面适合种植芹菜、叶甜菜、生菜等叶菜类蔬菜。

多段立体基质槽培叶甜菜

10. 宝塔形立体基质槽培

该栽培设施共有4层扇形栽培槽，每层由多个扇形槽体组成，第5层放盆栽蔬菜，每层用圆钢做骨架，形成圆锥塔形的种植结构。实现多层立体化种植，能高效利用栽培空间，形成较好的立体空间，整体性强，景观效果好。可栽培各种叶菜及根菜类蔬菜。

宝塔形立体基质槽培

11. 折叠槽式基质槽培

采用 PVC 板，根据栽培空间及实际栽培需要，围成长条形栽培槽，在栽培槽外侧配以固定支撑。PVC 材质能够根据实际情况改变造型，操作简单方便，成本较低，并能有效地解决连作障碍问题。适用于西甜瓜、草莓、番茄、辣椒等作物的栽培。

折叠槽式基质槽培番茄

12. 可调节式基质槽培

该栽培设施利用杠杆原理，用方钢做骨架支撑，栽培槽可以选择通过铺设黑白膜，内部填充基质的形式，也可以选择配套的成品栽培槽，配以自动灌溉系统。该设施能够根据光照调节栽培槽的上下位置，创造更好的采光条件，最大限度提高光合效率，但造价高，需要人工辅助才可以调节。适合草莓、乌塌菜、生菜、叶甜菜等作物的栽培。

可调节式基质槽培草莓

13. 魔方盒基质槽培

该栽培设施中魔方盒可拆卸，可根据需要随意组合各种造型，具有蓄水功能，无须每日浇灌。可用于家庭居家绿化、墙面绿化、屋顶花园及工程园艺造型。组装简易方便，可快速组合、拆卸，节约人工灌溉成本，降低养护成本。可以根据需要任意组装，适合种植各种作物。

魔方盒基质槽培

14. 地下式椰糠基质槽培

该栽培设施为自地面向下挖栽培槽，内衬黑白膜和铁丝网，放置椰糠作为栽培基质，配以自动灌溉系统，营养液可回收。该设施操作相对简单，投资较少，见效快，可有效避免土传病害的发生，是一种新型的高效栽培模式。适合种植各种蔬菜和花卉。

地下式椰糠基质槽培

15. 水动力旋转A字型种植塔基质槽培

该栽培设施采用钢结构立体支架结合盆栽，利用水轮驱动，使作物实现上下方向交替运行，提高采光效率，作物均匀生长，方便操作管理。适合种植叶菜类及低矮花卉。

水动力旋转A字型种植塔基质槽培

五、立柱基质培

1. 多角立柱基质培

该栽培设施通过不同形式的泡沫栽培钵上下串叠，栽培钵上有不同数量栽培孔或利用特制 PVC 管组合成立体栽培设施。此类栽培方式能够充分利用栽培空间，提高单位面积产量；适合多种布局方式，以满足观光园区所需的趣味性和生产所需要的产量化；配套专用定植杯，不仅具有保护栽培钵定植孔的作用，还方便作物育苗、定植和采收。常见的有三角立柱、四角立柱、六角立柱、八角立柱形式等。适合种植台湾枸杞、苦苣等观叶作物，也可以种植矮生的、垂吊的草本花草作物。

（1）多角立柱基质培菊苣　（2）多角立柱基质培台湾枸杞

2. 斜插式立柱基质培

该栽培设施采用开发的专用圆形或方形泡沫栽培槽和斜插的PVC管，组合成错落有致的立柱栽培模式。该栽培形式是早期的立柱栽培模式，其立体景观效果好，单位面积利用率高，但定植管理较费工，对地面处理要求高，适合种植低矮或垂吊的作物。

（1）斜插式立柱基质培生菜　（2）斜插式立柱基质培白背天葵
（3）斜插式立柱基质培紫背天葵　（4）斜插式立柱基质培木耳菜

3. 旋转立柱基质培

该立柱栽培可按一个方向缓慢旋转，能有效增加作物的受光概率和时间，节省空间，提高单位面积的利用率，科学美观，增加动感，是立柱栽培的新创意。适合种植叶菜类、草花类、草莓等低矮作物。

旋转立柱基质培草莓

4. 抱柱式立柱基质培

抱柱式立柱基质培由1/4圆弧形种植盆、1/4圆弧形连接盒、固定螺丝螺母、内支撑骨架、给回液管路等组成。内腔直径22cm，适用于现有大部分温室立柱的抱合立体栽培，美化室内立柱。种植盒、连接盒具有互相嵌合的固定结构，抱柱式使用能独立成型；还可附着在墙面、外墙角、内墙角等的立体绿化种植；连接盒可实现种植盒纵向调节间距的作用，从而有利于实现多种品种的立体栽培，并实现立柱视觉景观的多样化需求。

抱柱式立柱基质培

5. 花瓣立柱基质培

该栽培设施由数个花瓣状栽培钵通过钢管做立柱错落叠放而成，立柱高度因需要而定。钵内装填基质，钵底有孔，颜色多样、有橘色、粉红色、绿色、白色等，该立柱式组合花盆能有效增加光能利用率，提高土地面积的使用率，节能，节省空间，科学美观；可垂吊，可立地。适合农业园区的蔬菜生产，都市观光农业园和植物园、生态餐厅、家庭阳台等的观赏栽培。适用于生产各种叶类蔬菜及矮生花草和草莓等。

花瓣立柱基质培长春花

6. 叠碗式立柱基质培

该栽培设施由碗形种植容器串叠而成，碗内灌注基质即可用于种植，柱芯管为镀锌钢管，配合给回液管路设施。该设施结构简单，节省空间，线条优美，材质考究、档次高，适用于高档环境的立体美化种植。可用于小型低矮的叶菜、花草的栽培。

（1）叠碗式立柱基质培紫油菜　（2）叠碗式立柱基质培生菜

7. 螺旋管道立柱基质培

该栽培设施利用管道和其他组件，对常规管道栽培进行大胆创新，做成双螺旋结构，一反常规管道栽培的单一化，是科学、技术和艺术的完美结合，造型新颖，立体景观效果性强，能够充分利用现有空间。该设施采用椰糠和海绵条结合作为基质最为合适。适合种植叶甜菜、芹菜、穿心莲、台湾枸杞等直立性和垂吊性的蔬菜。

螺旋管道立柱基质培辣椒

8. 旋转花瓣式立柱基质培

该栽培设施是在花瓣立柱基质培基础上的改良，通过中心的轴体能够实现旋转，调整作物的感光面积，确保均匀生长，并可充分利用光源，最大限度提高光合效率。但是材料成本及运营费用较高，目前仅适用于小面积的试验示范。适合种植草莓等低矮作物。

旋转花瓣式立柱基质培草莓

9. 聚氯乙烯（PVC）立柱基质栽培

该栽培设施是利用特制 PVC 管和弯头组装的立体栽培设施，可以根据需要改变弯头的数目和方位，比较灵活。同时，栽培单体能够充分利用有限的空间，具有较好的景观效果。适合种植叶菜类和草花类。

（1）PVC立柱基质培黄梗叶甜菜　（2）PVC立柱基质培红梗叶甜菜

10. 瓶装立柱基质培

该栽培设施为PVC管道和矿泉水瓶组合而成，通过管卡将矿泉水瓶固定于PVC管的特定位置，配以滴箭灌溉。通过改变管卡位置能够进行不同的造型，操作较为简单，又能充分利用废弃物，体现环保的理念。适合叶菜类蔬菜及草花的栽培。

瓶装立柱基质培生菜

11. 塑料四角立柱基质培

该栽培设施为特制的不同颜色的塑料栽培钵体，组装成立体栽培柱，形成错位的四角栽培，配以特制定植杯。其颜色多变，景观效果好。适合种植各类叶菜类蔬菜及草花作物。

塑料四角立柱基质培橡叶生菜

12. 水源式组合花柱基质培

该组合花柱自带水箱，容易养护，解决了需多次浇水的问题；组合花柱方便运输，安装简捷，可组装圆形、方形、三角形等多种造型花柱。适用于广场、道路、门口两侧等地使用，适合种植低矮花卉。

13. 拉链式立柱基质培

拉链式栽培系统是一种新型模式，采用模具加工的开口栽培管道，管道内放置栽培绵、毛细布及白钢挂链，固定幼苗及保持根部水分，便于取放，操作方便。此栽培模式占用空间小、安装方便、组合灵活，可悬挂于任何墙体或者窗台、阳台、围栏上。

拉链式立柱基质培

14. 灯杆立体绿化基质培

组合花盆可通过它们之间的相互叠加组合出花柱、花塔等多种立体造型，可广泛应用于灯杆、温室立柱等柱状物体中部和底部的绿化。适合种植垂吊花卉和蔬菜。

灯杆立体绿化基质培长春花

六、墙体基质培

1. 链条组合式墙体基质培

链条组合式墙体基质培设施种植槽为泡沫钵左右链式搭接、上下串叠叠加，用轴管固定形成双面或单面种植墙，栽培设施安装简便，整体性强，封闭性好。搭接可以使墙体变换立体造型，有利于立体墙的景观塑造；不仅能大大提高土地利用率，增加产量，还可通过不同颜色作物的搭配及栽培墙本身形状特性，拼装组成各种作物图案和立体造型。适合种植生菜、苦苣、彩叶草等低矮作物。

链条组合式墙体基质培

2. 链条式墙体+管道组合基质培

该栽培设施在原有链条式墙体栽培的基础上，在其顶端加一层管道栽培。下面种植叶菜类蔬菜，顶端种植茄果类、豆类等吊蔓蔬菜，不仅能够最大限度的利用竖向空间，还具有很好的景观效果，是一种新的创新模式组合。

链条式墙体+管道组合基质培

3. 斜插式墙体基质培

该栽培设施采用专用栽培槽交叉叠放，形成墙体，在每个栽培槽上配合斜插式 PVC 管，PVC 管内填充基质作为栽培容器。该栽培模式整体性强，景观效果好，能表现不同形式的作物图案，但施工起来比较繁琐，成本较高。适合种植叶菜类蔬菜。

斜插式墙体基质培

4. 挂盆墙体基质培

该栽培设施采用聚丙烯（PP）原料的挂盆顺序连接组合成立体墙体。花箱背部有固定的挂钩和固定孔。花盆内有隔水板，将种植层和蓄水层分开，上部为种植层，下部为蓄水层。蓄水层的水通过棉带的虹吸现象进入土层，根据作物需求不断地为作物提供水分。作物的根部不会因为长期浸泡在水中而腐烂变质。栽培作物种类受限，对施工精度要求高。适合种植低矮或垂吊蔬菜及低矮或垂吊花卉等。

挂盆墙体基质培木耳菜

5. 组拼式墙体基质培

该栽培设施由墙体支撑骨架、塑料定植盒、塑料连接盒、合体固定螺丝、U 型定制杯、海绵、无纺布及给回液管路等组成。定植盒和连接盒体的长、宽尺寸为标准建筑砖块大小，模块厚度及内腔空间可满足作物生长需要；塑料盒体可制成多种颜色，可拼接各种图案，自成景观效果；连接盒和定植盒的组合比例可以在立式平面组合出丰富的种植景观图案。适合种植各种矮生的、垂吊的草本花草作物及各种叶菜类蔬菜。

组拼式墙体基质培苦苣

6. 叠槽式墙体基质培

该栽培设施结构简单，由墙体支撑方管、单面塑料种植槽、基质、无纺布、给回液管路等组成。种植槽内直接装基质，直接栽培植株幼苗；槽体颜色可定制，可拼接各种色彩图案，自成景观效果；种植槽可单独竖向叠合安装，也可横向连接、竖向叠加而成大的种植墙，实现种植景观的变换；安装方便、栽培管理方便，适合种植各种矮生的、垂枝生长的草本作物和各种叶菜类蔬菜。

叠槽式墙体基质培

7. 布袋式墙体基质培

该栽培设施用毛毡加工制成，有军绿色、深蓝色、绿色、褐色、黑色、白色等多种颜色，适用于室内外墙面绿化、室内外装饰种植，以及家庭园艺如墙壁装点绿色、制作阳台小菜园；同时，可以释放氧气净化室内空气，美化灯光背墙。墙体规格可以根据需要订做。该墙体高效利用栽培空间，占地面积少、吸水性强、保湿效果好。适合种植叶菜类和地被花卉类。

布袋式墙体基质培

8. 组合式挂盆墙体基质培

该栽培设施采用树脂材料制作，可直接叠放，并可组成不同的造型。挂盆规格为：长 24cm、宽 20cm、高 17.5cm。其优点为挂盆组合方便，可以组合成墙体、字体等类似于魔方的各种造型。适合种植叶菜类或草花类，顶部可以种植茄果类、豆类等吊蔓蔬菜。

组合式挂盆墙体基质培

9. 水源式组合墙体基质培

该组合墙体自带水箱，容易养护，解决了需多次浇水的烦恼；为独立结构，不会破坏墙体；做双面或四面均可，具有很好的景观效果。适合种植草莓、叶菜类、低矮花卉等。

水源式组合墙体基质培草莓

10. 悬挂槽墙体基质培

该栽培设施采用加工好的栽培槽做造型，中间用25mm钢管做立柱，配合挂盆做造型而形成的栽培模式。挂盆规格为：长35cm、宽30cm、高30cm。作物栽植在有造型的栽培槽中景墙效果比较好，但对施工工艺要求较高。适合种植各类叶菜类蔬菜和草本花卉类。

悬挂槽墙体基质培

七、管道基质培

1. 漏斗式管道基质培

漏斗式管道基质培是将装有基质的漏斗形容器固定在PVC管道上，在漏斗内种植蔬菜的一种种植方式。漏斗内的基质固定蔬菜，通过灌溉系统为作物提供营养和水分，作物根系吸收营养后残液回收到营养液池，重复利用。适合种植低矮蔬菜及花卉。

漏斗式管道基质培

2. 高空管道基质培

该栽培设施是把 PVC 管道切掉其直径的 1/3，留下的 2/3 作为栽培槽，将栽培槽固定在钢结构廊架上，栽培槽内填充基质采用滴灌系统，种植具有爬藤性或具有无限生长特性的植物。此种模式可以使植物在空中生长，充分利用竖向空间，节省地面资源的使用率。适合种植瓜类和茄果类蔬菜。

（1）高空管道基质培彩椒　（2）高空管道基质培南瓜

3. 吊挂式管道基质培

该栽培设施采用吊挂系统和PVC管道进行草莓、茄果类蔬菜栽培，组装相对简单，对温室类型或地面要求不高。

吊挂式管道基质培草莓

4. 组合管道基质培

该栽培设施是砖槽水培与 A 字架管道基质培的一种组合栽培模式，栽培模式新颖，景观效果好。下面种植叶菜类蔬菜，管道种植茄果类、瓜类、豆类等吊蔓蔬菜。

组合管道基质培

第二章 水培

1. 简易叶菜浮板水培

该栽培设施利用砖砌或特制的泡沫箱作为栽培槽，用带孔的泡沫板漂浮在栽培槽内的营养液上，营养液液层较深，作物由定植板或定植网框悬挂在营养液面上方，而根系在定植板或定制网框深入到营养液中。该设施施工简单，成本较低。适合种植的蔬菜类型多，能够用于水培苗的驯化或生产栽培。

简易叶菜浮板水培

2. 深液流（DFT）水培

该栽培设施由利用特制的泡沫箱和带有定植孔的定植盖组成，1m为一单元，栽培长度视场地和需求而定，营养液液层较深，营养液环境稳定。该设施施工简单快捷，可以直接铺放在地面上，也可以做成层架式。适合种植的蔬菜类型多，能够用于水培苗的驯化或生产栽培。

（1）DFT水培油麦菜 （2）DFT水培韭菜
（3）DFT水培生菜 （4）DFT水培甘蓝

3. 细叶菜立体水培

该栽培设施采用钢架支撑，加装定制的泡沫栽培槽。可显著提高栽培作业效率，利于肥水管理；配合自动定时灌溉系统，简化栽培管理程序；充分利用生长空间，实现工厂化生产，能获得优质、安全、洁净的叶菜产品，提高细叶菜的产量和经济效益。适合种植株型较小的叶类蔬菜，如鸡毛菜、茼蒿、菠菜、香菜、荠菜、油麦菜等。

（1）细叶菜立体水培芹菜　（2）细叶菜立体水培韭菜

4. 多层链条式水培

该栽培设施采用定制的泡沫栽培槽，配合钢骨架及 PVC 管道形成多层链条式水培栽培模式。每个栽培箱长 100 cm、宽 35 cm、高 13 cm，定植板含有 18 个定植孔，根据不同蔬菜种类，可选择适宜的株距。栽培槽可按每个栽培箱体为一个单元，并可任意角度组合。适合种植低矮的叶菜类。

（1）多层链条式水培橡叶生菜　（2）多层链条式水培奶白菜

5. 阶梯链条式水培

该栽培模式是在多层链条式水培的基础上进行创意改造而成的，栽培槽可按每个栽培箱体为一个单元，以任意角度组合，进行景观化设计和栽培作物。根据不同蔬菜种类，可选择适宜的株距。该种形式不仅适合叶菜类生长，也适合种植果菜类。

（1）阶梯链条式水培番茄　（2）阶梯链条式水培生菜　（3）阶梯链条式水培茄子

6. 营养液膜（NFT）水培

该栽培设施是采用钢骨架龙骨，配合泡沫槽体形成的单层、双层或多层水培的栽培模式。营养液液层较浅，大部分根系裸露在潮湿的空气中，而营养液在栽培槽内以一浅层营养液膜的形式在栽培槽底及作物根系间流动。多层栽培最好增加补光设备。该设施适合集装箱式或植物工厂叶菜类蔬菜的高效栽培。

（1）NFT水培芹菜　（2）NFT水培生菜

7. 螺旋仿生立柱水培

该栽培设施的种植盆按四个方位螺旋形串叠组合成栽培柱，柱体固定及给回液管路安装方便。种植盆螺旋形排列有利于柱体上每棵作物的均匀采光；有利于每棵作物的直立生长，提高叶菜的商品性和产品的均匀性；有效提高空间利用率，增加景观效果。但适合种植的蔬菜类型有限，仅限于一些叶菜类蔬菜的栽培。

（1）螺旋仿生立柱水培生菜　（2）螺旋仿生立柱水培乌塌菜

8. 螺旋仿生立柱+管道组合水培

该栽培设施为螺旋仿生立柱栽培的改良，通过顶部增加一组高空管道，栽植茄果类、豆类等吊蔓类蔬菜。不仅能最大限度利用有限空间，还具有更好的景观效果，但顶部蔬菜维护成本增加。

螺旋仿生立柱组合水培

9. 半圆管式水培

该栽培设施由半圆管配套塑料定植盖、盖卡、管槽托卡、半圆管槽堵、钢结构支架、水培定植杯、给回液管路等组成。可用于家庭园艺趣味栽培、立体水培景观墙，克服了可移动管道水培换茬过程中不利于管内清洗、消毒的问题，但造价较高，施工工艺要求高。适合大规模的叶菜水培生产。

（1）半圆管式水培生菜　（2）半圆管式水培苦苣　（3）半圆管式水培羽衣甘蓝

10. 高空管道水培

该栽培设施采用加工的 PVC 管道作为栽培容器，利用廊架的形式将管道固定在空中，通过营养液循环供应作物所需营养和水分，形成高空栽培的景观。该栽培模式节省地面空间，开发竖向空间的利用，具有非常好的视觉和景观效果。适合种植茄果类、叶菜类、垂吊类作物。

（1）高空管道水培茄子　（2）高空管道水培茄子
（3）高空管道水培辣椒　（4）高空管道水培鸭跖草

11. A字架管道水培

该栽培设施采用PVC管道或竹木作为栽培容器，配合钢骨架组合成稳定的A字型栽培模式，以水培的方式栽植蔬菜。此类栽培模式可根据场地条件挪动，美观大方，土地利用率高，适宜采摘。适合种植叶菜类、垂吊类，也可以根据需要种植果菜类。

（1）A字架管道水培叶甜菜　（2）A字架管道水培芹菜

12. 旋转式管道水培

该栽培设施采用 75 mm PVC 管作为栽培槽，管道上根据种植的不同蔬菜种类开定植孔，用钢骨架固定 PVC 管将其围合成圆筒形，配合电机，能使管道按照一个方向旋转，在底部进行灌溉和营养液的更换。适合种植叶菜类或草花类。

旋转式管道水培生菜

13. 转动式管道水培

转动式管道水培是将作物栽培在顺时针转动的容器中的栽培模式。这种栽培模式可使所有作物受光均匀，提高产量，有效地利用了空间，发挥了间作优势，同时造型美观，动感十足，是现代都市农业的新型栽培模式。适合种植生菜、苦苣等。

转动式管道水培

14. 单层床体管道水培

该栽培设施是由 75 cm PVC 管材和钢骨架做成的平面式床体栽培孔，为管道栽培的最基本形式。操作相对简单，将地栽提升为空中栽培，栽培模式占地较大。适合种植生菜、苦苣等叶类蔬菜。

（1）单层床体管道水培乌塌菜　（2）单层床体管道水培生菜

15. 多层床体管道水培

该栽培设施通过不同的钢结构支撑，将床体管道做成多层或错落有致的层式结构。可以提高单位面积的利用率，增加单位面积产量，提升竖向空间的利用。适合种植叶菜类。

多层床体管道水培观赏椒、茄果类等矮生蔬菜

16. 立体管道水培

该栽培设施采用 75 cm PVC 管道，结合钢骨架形成立体管道水培，具有很好的景观效果，能够充分利用栽培空间。但适合种植的植物有限，造价高，施工工艺要求相对严格。适合种植芹菜、叶甜菜等各种直立性蔬菜。

（1）立体管道水培紫背天葵　（2）立体管道水培叶甜菜

17. 建筑造型管道水培

该栽培设施利用不同色泽的 PVC 管道设计成各种形态的造型，采用营养液的形式供应植物生长所需的营养和水分，造型高大新颖。适合种植低矮的叶菜类。

建筑造型管道水培

18. 漏窗式立体水培

该栽培设施由链式塑料水槽、槽间距调节管圈、定植盖、水培定植杯、链式固定轴管及供回液管路组成。种植槽左右链式搭接，上下串叠叠加，轴管串接固定成立体漏窗式水培设施，安装简便，整体性强、封闭性好、外形美观；链式结构有利于立面几何造型的塑造；种植槽上下间距可调，可塑造出多种立体种植景观；两种不同定植盖可供栽培选择，既可水培棵型较大的蔬菜花草，也可水培芽苗菜及小型水草。

（1）漏窗式立体水培生菜　（2）漏窗式立体水培红梗叶甜菜

19. 果菜隧道式水培

该栽培设施的种植槽离地80~160cm，有利于避免地表土壤、病菌、昆虫的污染与侵扰；隧道式网架设置，蔓生作物枝叶攀爬在网架上，不需另设支架和绑蔓作业；果实下垂于网架下，观赏视觉效果好，方便采摘。果菜隧道式水培可充分利用立体空间，网架下可用于芽苗菜、食用菌生产，也可用于休闲娱乐。

（1）果菜隧道式水培苦瓜　（2）果菜隧道式水培刀豆

20. 生态浮岛水培

生态浮岛水培是一种可以自由拼接的栽培模式，颜色可以根据要求定制，由高密度聚乙烯（HDPE）制成，配合相应的种植篮及链接扣件，结构牢固，性能稳定，拆装维护方便快捷。可为多种作物提供可以生长的水上浮体结构，水上人工浮岛是一种具有净化水质、恢复生态、改善环境等多功能的新型生态技术。适合种植各种陆生植物，改善水环境，并形成立体水上园艺景观。

生态浮岛水培

21. 三段二次移植漂浮潮汐式水培

该栽培设施模式由L型栽培底槽、槽堵、一段育苗穴盘+方形水培定植杯、二段定植板（54孔）、三段定制板（15孔）、定植板支腿、种植模块、给回液管路等组成。适用范围：各类生菜（结球生菜、半结球生菜、散叶生菜）、油麦菜、小白菜、油菜等生长周期较短的叶菜蔬菜生产。适用于叶菜规模化生产、标准化生产、农业科技园区、生态观光园的观光、采摘、科普栽培。可作为“活体蔬菜”供应予酒店、饭店、超市、食堂等。

22. 飞碟式水培

该栽培设施是采用方钢做立柱结合飞碟形泡沫栽培盒组合形成的栽培模式，并有营养液供回液系统。该设施模式新颖，充分利用栽培空间，立体景观性强；但对施工要求高，造价相对较高。适合种植叶菜类蔬菜和草本花卉类等。

23. 低段密植水培

低段密植水培是无土栽培的常用形式，是将栽培槽按照作物需要的高度分层固定在支架上，利用水培或基质栽培作物的栽培方式。这种栽培模式具有操作简便、适用广泛、便于智能管理和机械化操作的特点，可根据作物特性充分利用立体空间种植，非常实用。

低段密植水培

24. 人工光植物工厂水培

该栽培设施依托设施园艺、家电科技、照明科技、生物工程、信息科技等学科技术，利用蔬菜在发光二极管（LED）模拟自然阳光照射下的生长原理，同样采用光、温、水、肥、气智能集约技术，创建蔬菜生长的最佳环境，实现室内人工调控无菌环境下的绿色健康蔬菜的大规模生产目标。适合种植生菜、苦苣等。

人工光植物工厂水培

25. 深液流叶菜工厂化水培

深液流叶菜工厂化水培是采用特制的 PVC 板作为栽培容器，栽培容器宽 40cm，双行定植，长度随栽培池长度而定。该种规模化栽培可以实现从播种、定植、采收包装全程机械化操作。从催芽到收获需要大约 3 周的时间，生菜夏天 18~20d 栽培完成一茬，每平米种植 18 棵生菜，冬季生长周期要长些，全年平均收获 14~15 茬，是工厂化提高产量的理想栽培模式。适合种植生菜。

深液流叶菜工厂化水培

26. 具有增氧降温功能的叶菜水培

具有增氧降温功能的叶菜水培包括栽培槽系统、水循环系统、立体增氧降温系统、栽培浮板四部分组成。利用营养液的热稳定性，通过蓄积大量营养液来稳定环境温度；同时采用立体增氧降温系统，在营养液回液的过程中起到溶氧并降低室内温度的作用。

该栽培设施为深液流水培系统，所用的叶菜苗无需进行洗根处理，从育苗穴盘内拔出后可以直接放置栽培浮板的定植孔内，大大减少了传统浮板栽培洗根的麻烦；所定植的苗子无需缓苗，从而缩短了叶菜的生育周期。

具有增氧降温功能的叶菜水培

第三章 雾培

雾培又称气培，是指不用固体基质，直接将营养液喷到植物的根系上，供给其生长所需的营养和养分，利用泡沫或 PVC 管，组成不同的造型如 A 字型、多边型、圆柱型、金字塔型。这些立体式栽培模式大大提高了栽培作物的覆盖面积，使温室利用率提高数倍。同时，雾培是水资源利用率最高的农业技术，只需土壤栽培的 1/10 用水量。

1. A字型雾培

该栽培设施外形为 A 字型，两侧面种植作物，作物根系悬垂于定植板围合的湿润空气中，采用雾化喷头定期给作物根系供应营养和水分，大大减少水源和肥料的利用，并能充分利用地面资源。该设施构造简单，施工方便，能实现自动化管理。适合种植叶菜类、芳香类作物。

A字型雾培

2. 多边型雾培

该栽培设施采用钢材焊接骨架，钢丝网外包，最外层黑白膜包裹，内部添加喷头形成的多边型雾培。景观效果好，模式新颖。多边形的侧面适合种植低矮的叶菜类，顶部适合种植茄果类和爬藤类作物，增加立体空间感。

多边型雾培

3. 圆柱型雾培

该栽培设施采用钢材焊接骨架，钢丝网外包，最外层黑白膜包裹，内部设置十字雾化喷头形成的圆柱型雾培。圆柱直径为80 cm。景观效果好，模式新颖，但只能种植叶菜类蔬菜，耗能高，养护投资大。

圆柱型雾培

4. 立柱斜插式雾培

立柱斜插式雾培技术是在不影响地面栽培的情况下，通过雾培喷灌的方式为作物提供水分和养料，同时为作物提供均匀采光，有效地保证了作物生长周期一致，并通过立式的圆柱作为植物生长的载体，向垂直空间发展，充分发掘有限土地面积的生产潜力，为节约土地资源和可持续发展农业提供适用的栽培模式。适合种植低矮的叶菜。

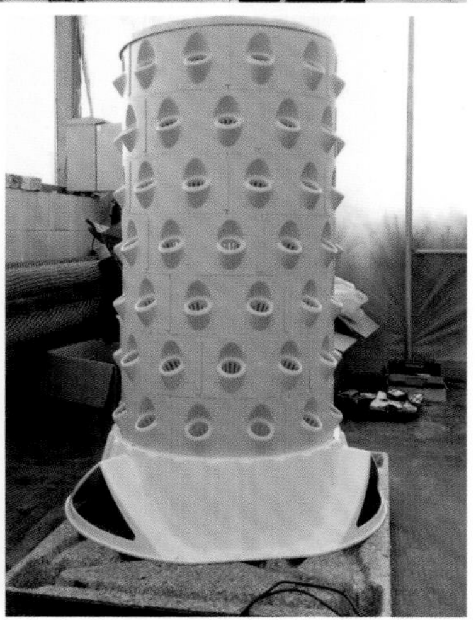

立柱斜插式雾培

5. 可移动式雾培

该栽培设施是集水果、蔬菜、花卉、中药材种植等于一体的阳台果蔬综合体，占地 $0.4m^2$，占空间小于 $0.4m^3$，能同时种植多种蔬菜。操作简单，容易掌握，在家庭环境下，只要不断电断暖，就可以实现各种水果的连续结果，为家庭生活增添无限的乐趣；可以让藤蔓不仅布满整个阳台，还可以缠绕在客厅、卧室，只要有足够的漫射光，作物就能正常生长，让人仿佛置身于大森林之中。适合于家庭园艺或科技展示。

可移动式雾培

6. 悬挂雾培

该栽培设施采用亚克力管和PVC管相结合的方式进行组装，在亚克力的位置安装喷头。该雾培是一种新型的栽培模式，它是利用喷雾装置将营养液雾化为小雾滴状，直接喷射到作物根系以提供植物生长所需的水分和养分的一种无土栽培技术。作物悬挂在密闭的栽培装置中，而根系裸露在栽培装置内部，营养液通过喷雾装置雾化后喷射到根系表面，减少栽培作物的硝酸盐含量。适合种植低矮的叶菜类。

（1）悬挂雾培红梗叶甜菜　（2）悬挂雾培生菜

7. 金字塔雾培

金字塔雾培设施由槽体支架、栽培底槽、三角形定植板、小型定植杯、防渗膜、给回液管路、雾化喷头、定时器等组成。种植槽架南北向布局，平面呈平行四边形或梯形；三角塔形几何结构设计有利于每棵作物都能均匀接受直射光和散射光的照射；组合安装方便，造型独特，适宜于观光、科普；三角形定植板上的定植孔凸出呈水平状态，有利于作物的直立生长，保持重心不偏离，提高蔬菜的商品性。适合种植叶菜类。

金字塔雾培苦苣

8. 单体立式旋转雾培

该栽培设施是采用泡沫立板结合旋转底座形成的栽培模式。模式新颖，能进行旋转，立体效果好。只适合栽植叶菜类蔬菜，造价相对较高。

9. 床体雾培

该栽培设施是用木结构或钢结构围合成床体结构结合雾培设备进行床体雾培的一种栽培模式，适合马铃薯原种的种植。

单体立式旋转雾培

床体雾培马铃薯

10. 立体墙雾培

立体墙雾培设施集立体墙面栽培与雾培于一身，克服了雾培设施内部营养液沿内壁流下不易收集回流的问题；同时在墙体栽培基础上加入雾培元素，充分利用水肥，减少劳动力投入，大幅提高生产质量和数量。该设施包括顶部种植板、栽培板、营养液管、雾化喷头、水泵和营养液池。雾培设施中的营养液能够从固定的位置溢流口集中流出，避免营养液四处溢出，便于收集；组装灵活，移动方便，可反复使用；占地少，景观效果好。可应用在现代观光休闲农业中。

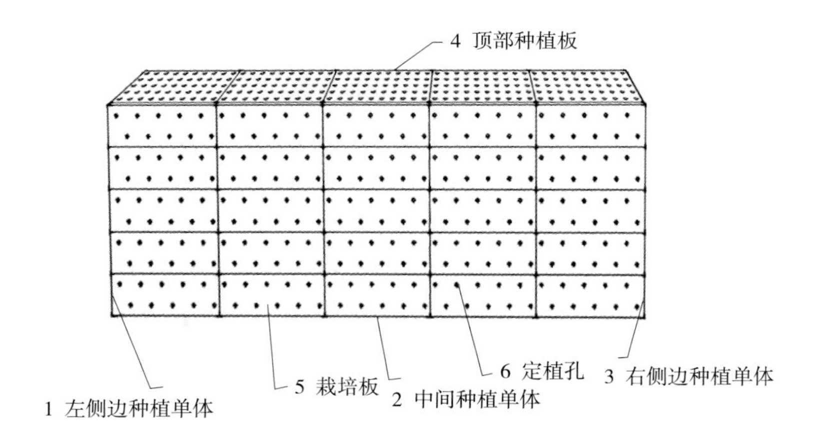

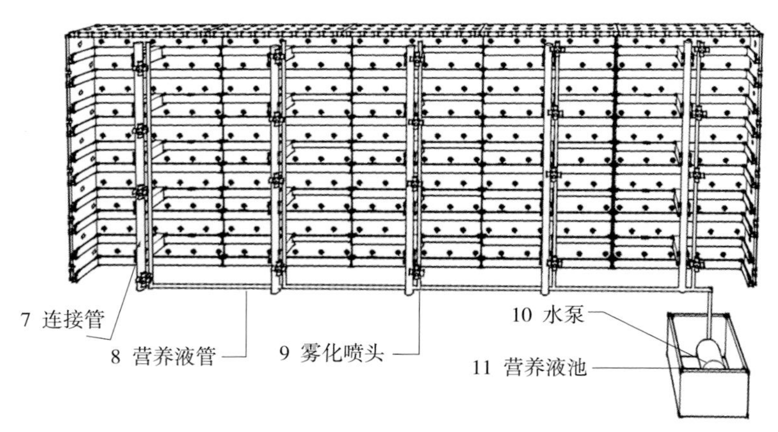

立体墙雾培

11．鱼菜共生复合式雾培

鱼菜共生是一种新型的复合耕作体系，它把水产养殖与蔬菜生产这两种原本完全不同的农耕技术，通过巧妙的生态设计，达到科学的协同共生，从而实现养鱼不换水而无水质忧患、种菜不施肥而正常成长的生态共生效应。让动物、植物、微生物三者之间达到一种和谐的生态平衡关系，是未来可持续循环型零排放的低碳生产模式，更是有效解决农业生态危机的有效方法。

鱼菜共生复合式雾培生菜

12. 新型梯形雾培

此雾培设施的定植板由钢丝和黑白膜组成，定植板可开启，方便清理梯形雾培设施内部的作物残留；设施中央设有空心空洞可供儿童钻洞游戏，打破了农业生产设施与娱乐设施的界限，更加适合农业观光旅游园区使用。该设施既可生产叶菜类蔬菜，又可生产马铃薯等根茎类蔬菜，还可做育苗生产。

新型梯形雾培

第四章

复合式栽培

1. 椰糠岩棉高效栽培

椰糠岩棉高效栽培是利用可调节高度的支撑架结合栽培槽的栽培设施，使用椰糠条 + 岩棉的复合式栽培模式，结合滴箭及自动灌溉设备，进行果菜的高产优质生产。此类模式具有单位面积产量高、节水、能实现生产流程标准化、自动化程度高、投资相对较少、施工方便等优势，适合大面积生产推广，具有非常好的市场前景，是未来蔬菜工厂化高效栽培的主要方式。适合栽培番茄、黄瓜、辣椒等。

椰糠岩棉高效栽培番茄

2. 椰糠岩棉复合式错层栽培

该栽培设施将椰糠和岩棉复合栽培槽设计成错开的上下两层的形式，两层能上下互相调节，定植不同生育期的相同植物，目的是提高单位面积的利用率，增加单位面积的产量。这种栽培模式建设投入成本较高，管理相对较复杂。适合茄子和椒类的高效及工厂化种植。

椰糠岩棉复合式错层栽培彩椒

3. 彩色管道复合式栽培

该栽培设施采用订做的（直径 100mm）彩色管道，并在管道上每隔 150mm 开宽 850mm、长 95mm 的椭圆孔，把栽培花盆放入孔内。管道色彩鲜艳多样，配以不同颜色蔬菜花卉能呈现很好的景观效果，但管材成本相对较高。可以种植各类叶菜、矮化茄果类蔬菜或草本花卉类。

彩色管道复合式栽培

4. 梯形储气储液栽培

该栽培设施是通过单体长1000cm、上口宽500cm、下底宽300cm、高度300cm的梯形泡沫槽顺序链接组成的栽培槽，槽底部有回流的营养液，中部有空气可以流动，上部是基质种植作物，底部营养液可利用毛细管作用向上运动，不断补充基质中的水分及养分。适合集约化生产，与普通栽培模式相比，至少可提早播种和定植25d，提早上市20d左右。该设施拆装方便，便于运输。适应性广泛，可以种植各种类型的蔬菜。

（1）梯形储气储液栽培番茄　（2）梯形储气储液栽培茄子

5. 空中番薯栽培

“空中番薯”运用水培法进行栽培，根系在水培环境中形成旺盛的吸收根群，发达的根系为根茎以上枝蔓的旺盛生长源源不断地输送养分和水分，利用薯蔓易生不定根的特性，对其枝蔓进行基质套盆，枝蔓在其中生根并发育成薯块，实现空中结薯的景观，既方便采收，又可实现多年连续结薯，产量可提高数倍，具有很好的观赏和科普价值。

空中番薯栽培

6. 复合果菜栽培

该栽培设施由底槽、配套槽堵、盖板、方形定植钵、无纺布基质袋、防渗膜等组成，并配套钢结构床、槽支架和营养液供回液管路系统等。该设施外形美观，衔接封闭性好，抗风险能力强。适合工厂化高效栽培茄果类和瓜类作物。

（1）复合果菜栽培彩椒　（2）复合果菜栽培黄瓜

7. 深液流+管道组合栽培

该栽培设施是利用深液流水培与A字型管道基质培相结合，管道下面安装有补光灯系统。可充分利用立体栽培空间。底部深液流可种植各种叶菜类，管道部分可种植茄果类、豆类等。

深液流+管道组合栽培

第五章

其他形式栽培

1. 蔬菜树式栽培

蔬菜树式栽培模式又称蔬菜巨型化栽培，也称作蔬菜单株高产栽培，提供蔬菜单株生长发育的最大空间和最佳的环境条件、营养条件，通过生理调控和农艺措施，使蔬菜单株生长和高产潜能得到最大程度的发挥，培养出巨型植株个体，实现多结果、结大果的目的。目前，科研人员已成功地将番茄、茄子、甜辣椒、瓜类等蔬菜培养成单株冠幅 25~120m^2 的巨型“蔬菜树”。蔬菜树式栽培对观光农业来说具有极大的科普观赏价值。随着人们的不懈努力，巨型单株和单株高产实例不断涌现，把这项技术推向了一次又一次的顶峰。

（1）番茄树　（2）彩椒树　（3）冬瓜树　（4）蛇瓜树

2. 一树多果树式栽培

此种栽培模式是指利用嫁接技术，将有亲缘关系的茄子、辣椒、番茄等茄果类蔬菜嫁接到同一株砧木上，采用基质培栽培种植方式，将这一株作物培养成树型的一种栽培模式。在同一植株上同时可以结多种果菜，既可食用，又具有很好的观赏价值，是农业观光园区的新创意。

一树多果树式栽培

3. 塑型栽培

塑型栽培是在瓜果幼果时套上塑型模具，让瓜果膨大生长成模具的样子，改变传统瓜果形状。适合西瓜、人参果、萝卜、人参、何首乌等的栽培。可以获得造型奇特、观赏性强的瓜果，吸引人的眼球，提高经济利润。

塑型栽培果实

4. 空中牛蒡栽培

空中牛蒡栽培是用盆栽的方式将牛蒡苗进行空中种植，用套管的方式引导牛蒡根系向下生长，套管作为牛蒡根的生长容器，省略了繁重的丰产沟的挖掘，下部可生产耐阴叶菜，既充分利用空间，又省工省力，便于栽种和采收，观赏性好。

空中牛蒡栽培

5. 宝塔形鱼菜共生水培

该栽培设施呈八宝塔形，自下而上由底座（高度 50~60cm）、鱼缸（高度 100~120cm）和多层栽培体（高度 350~400cm）组成，并于顶部和水泵外部布置装饰体。该设施占地面积小，造价低，便于清洗，使用方便，性能稳定，可在农业观光温室、阳台园艺、屋顶花园或室外鱼池进行立体层式栽培。与传统养殖观赏鱼和水培菜设施相比，提高了空间利用率，不受环境影响，加强了景观欣赏度，还可以有不错的蔬菜收获量。

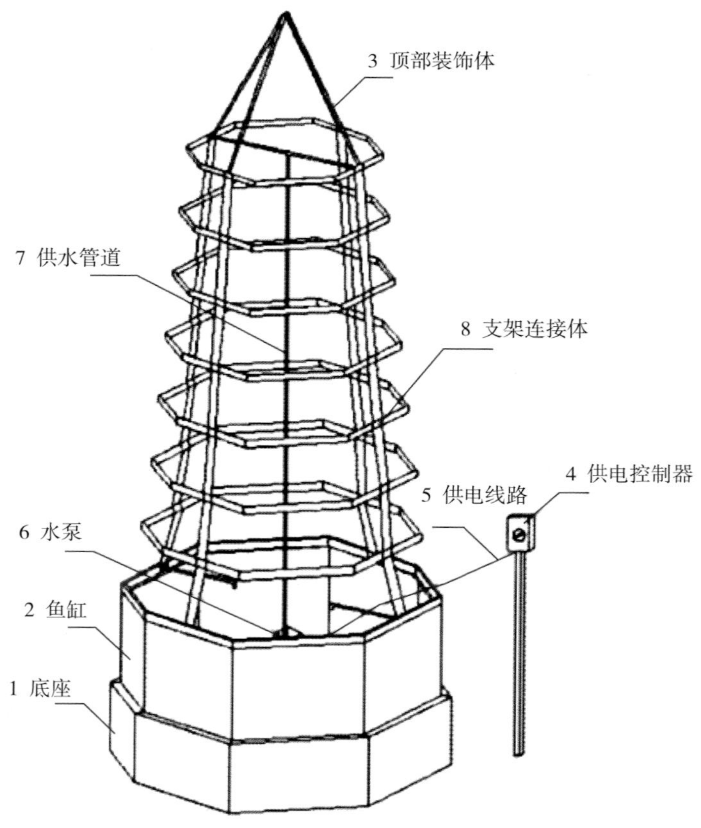

宝塔形鱼菜共生水培

6. 廊架栽培

利用竹木或钢骨架做成拱形、平面式或伞形的架式结构，种植攀爬能力强的作物，如瓜类、豆类等。观赏蔬菜果实悬挂于架下，具有很好的观赏景观价值。可以作为科普长廊呈现，用于科普教育的同时，兼具艺术性、观赏性。

（1）廊架栽培彩椒　（2）廊架栽培灯笼花　（3）廊架栽培甜瓜　（4）廊架栽培鹤首葫芦

7. 组织培养

组织培养是在人工培养基中将离体组织细胞培养成为完整植株的繁殖方法。组织培养被应用在蔬菜、果树、花卉、中草药等很多领域。利用组织培养方法繁殖植株具有占地面积小、繁殖周期短、全年都能进行繁殖、繁殖系数高等特点。

组织培养

8. 感应式苗床栽培

感应式苗床栽培是利用多层浅液流栽培模式，并结合智能自动信息化技术进行的栽培。这种栽培模式可以满足蔬菜的生长需求，如自动浇水、施肥、补光等。从而给蔬菜提供最佳的生长环境，不但大大节约了劳动力，而且节约了土地，提高了产量。

感应式苗床栽培